I0443014

Rules of Sudoku:

Sudoku is a puzzle based on a small number of very simple rules:

1. Every square has to contain a single number.
2. Only the number from1 through to 9 can be used.
3. Each 3x3 box can only contain each number from 1 to 9 once.
4. Each vertical column can only contain each number from 1 to 9 once.

#1

1	5	9	4			6		8
4	7		3					
2	3			9	1	7		4
6				8		2	4	
		2			7			3
7	8		6	2		5		1
				6	5			
3	2	5				4	7	6
8		7		3	4		1	

#2

6	9		2	1	8			3
	2				9			
			7	5	3		9	6
	8			2	6	9		
	3	6	5		4	7	1	
4	1					6		
	5	9	8	3				7
3	6	4	9		2	8	5	
	7	8				3		9

#3

9		8		4	7		6	
			8			9	7	
7	4	1	2				8	3
	1		5					
3			9	1	8	4	2	
5		9	4	7		1		
8		5	1	2				
	2			3	5	8		9
1					4	6	5	

#4

	8	6			3			
			5			7	3	
	7		4		2			8
	6		8	7	9	2		
8			3			9		
7					6		4	
		8			7		2	9
	1	2		4			7	
9	3	7		1	5	6		

#5

		8	1	4				
				8	7	2	9	4
4	2	6	5		9			7
3				9			5	
	8			5		7		2
		7			6	8		
8							2	
	5			2			7	1
2		3		6	1			

#6

		6						2
2		9		8	3	1	5	
	1	3	6	9	2	8		
7		5	1					
	6				5	2	1	
1	9		3					8
4							8	
	8					3		5
	5	2	8		6			

#7

8	3	7		6	9	2		
			5			9	1	3
			2			7	6	8
1		3	4	9	6	5		
5		2		1			3	
	6		3			1		
	9		7		1	8		6
		8				4		7
2		4				3		

#8

4	3			1			6	7
	7			6	3	2		
		8		5			3	9
	9	8				6		1
1	4		6			8		
		3		4			5	
3			1	8			7	6
	1		2			9	3	5
	5		3		6	1		

#9

	1		3			7		6
	5		1	7				
9	7			6	2		1	3
1	2					6	3	9
8		7			3			
		3	9		1	4	8	
		1		9	4		5	8
	8	9		1				
		5	8	3				

#10

1	8	5					9	
4	9		8					
								2
	1	7	4	6				
		9	1	2			6	5
	2		5		8	1	3	7
	5	3			1		7	8
7		1	2	8		3	6	
9			3	7	5			

#11

	7		2					5
	3	4		7	5		9	8
			8	9	3		7	1
			5					9
		7				6		
5	6			2	8			
4			3	5				
	5		1		6	9	2	3
3				7	8			4

#12

		2		1		7		
1			7	9		5	3	2
				8		6	1	
4								9
	7		5	9			4	
9			1	6		3		5
			4			5		
	4	3	9	5		1		7
7		9	2		1	4		

#13

2		6	9		8			4
	9		5		1	2	8	
4						9		1
7	6		8	5	2			
	2		1	7	4			
	8							2
6				9	3	5		8
			7	8	5	6		
	3	5				4	9	7

#14

	9	6				2	5	7
			9	6		3	8	
4			5			1	6	9
			1	8		4	3	
		2			9			
6			2	3				5
		4		1		5	9	3
	3	1	6		5	7	4	
		5	3		4			

#15

9	6		2	1	3			8
		8	5			3	1	
5				8				2
4	9		6		7			
2		6			8		4	
3			4			5		
	4			6	2	1		5
	5					2		3
		7			5		9	

#16

4					6			3
		3			4	6	1	
			3					7
	2		9		3	8	5	4
3	4			6	8			
				4		1		
	3	8	2			5		
5	1		6				4	8
		6		8	1	5		2	9

#17

		4		2	8	6		
6	9	1	5	3				
3		8		6	4			9
				4	3		9	5
7	5		8				4	
	1			5	6	3	7	
	4	6				8		
	3				1	5		
		5	4	7		9	6	

#18

		5			7	2	9	
		8			5	1		6
	1		9		8	5	4	
3				4			6	5
5	6		7	9	3	8	1	
					1			7
		3						2
1		4	3				5	
				7		4		1

#19

	9		2			3		
	8		9	6	4		5	2
2	6		3		7	9	8	4
8		4			9	7	2	
		2			3		9	1
	7	9		4	2		3	
7				3		2	4	9
		6			8			
5								

#20

	8	1	7	2		4		3
2			5					6
3			4		8	2	9	
	2	3	1		5	6		9
4	6		9				2	5
9			2		6			
				5	4			7
	7	9	8				6	4
8	4	6				5		

#21

	9	5		6		7	8	3
4		3	8	9		5	1	
			3					2
9		4	5	8			3	7
	3				6	8		
	5		9	2	3			
	7		1		2	3		
8		2	6					
3	1	6	7		8			

#22

			7	1	2			9
	1					4		2
2	9		3	4	6	8	7	
1	3				7			
6		7	4			9		
	5		1	6	9	7	3	8
		4		9				
5	2	8		7	4	1		
		1					8	

#23

7					6	9	2	4
5	2	1	3		4			
6	4	9	8		7	1	5	
2							7	
8	9		1				4	
4					2	3		
	5			8				
		8	2	7	5		1	9
		2	4	3	9	5	8	

#24

					4		6	9
9	8		2	7			1	3
	6				1		8	4
		1	7	5		6		8
						3	7	2
	7	3		4	2			
4							2	6
3			6		8	4		5
8	2	6		9	5			7

#25

9					8		1	
8				3				4
2	5		1	6		3		8
5				4			2	7
1	7	9	3		2	8	4	6
		2		8		5	9	3
4				9		6	3	
				1	3	4	8	2

#26

8			9			3	4	7
3	2		8		4		1	5
9	1				3	6		8
5					2	4		9
1			4		6	7		
6	4	8			7	2	5	
7								
4	8	9	6				1	
		5		7			8	6

#27

9	3	7	1	8				
1		6	5	4	9	3	7	
		5					9	2
	1	9		6				
7		8	3			4		
						6		7
	4		9	3	7	2		
			4	5	8	7	3	1
5	7	3	2	1		9		

#28

			4					5
5			7	1	2			
	9		8	6			4	7
					8			6
6			9	5	4		7	8
4	7	8			1			
1	8		5					
7	5	4		2				
3	2		1		6	5		4

#29

9						1	7	2
4	1		6	3		5		
8								6
	3		1	6			5	
			4	7				
		4			3			7
		2	8	1		7		
5	7	8				6	1	
6			3		7	9		8

#30

	2	6	5		9		1	
						2		4
		9			7		5	
		3	7		2	9		
2				9		6		
7			3	1	6		2	5
5		7	9	3	1			2
			6			1		9
	1		8	7	4		6	

#31

			1			8		7
					9		4	
8	4			3		1		2
4	6	7		9	5		1	
3			8				2	4
		8			3	5		9
5	8			4		2	7	
			3	5	2	9		
2	9	1			8		3	5

#32

		8	9			6		3
2	3				1	9	8	5
	9				8	7		
1	4		6	8	7			
3		5	2	1	9			
			3		4		2	
	5			2	6			8
8	2		7	9		4		
9	6	3		4				

#33

		1			4			7
5	4							3
7		2			8			1
	5	8		7				6
4				8	9			
3		9	1	6			7	4
6			8	5				2
		5	9	4	6	3	1	8
			3			5		

#34

	5	2	6	7			9	3
		7		5	2		1	
				9	3		5	7
9					4			6
2	1			3	6	5		
5		6	2	1		8		
7				6		4	9	
		9	1	4		7		
			7		9			1

#35

9		5			2	1		3
8				7				
1	2	6			9			
	4	2	1			5		9
5					3	6	8	2
		8	2	6		7		
		1		2		3	5	8
			3			4		6
		8		7		9		

#36

							5	
5			9	3		2		4
	1	4						3
8			7				9	1
	3	7			9		2	5
9		5	6				3	
6	1	3		8			4	2
4		3	1			7	8	
2	8	9	5			3	1	

#37

						7	5	
	6			5		4		
	4		2					8
3	7		9			8		
6	8			2		1	3	7
	2	1		7			9	5
	9	7	5		3	2		6
						3	8	
8	3						7	

#38

		8			7		6	9
	1		2			7		
			9		3	8	1	
8			1	6			7	
			7		9	1	8	4
			5			9	2	
2		4		9				
6		9		4		2	5	7
1		5		7				8

#39

1	6		3					
		2	6	8	1		4	
						6	1	
2		1	9		6	3		
8	7	9	1	3	5			
6		4				9	5	
5	1		8	6				2
3	4		2		9	8		
9	2					1		

#40

1			9		6		7	
6				3		2	1	5
		7					6	9
9				8	4	1		7
8	3	7	2	1	9			
4	2					9	3	
		6	1				8	3
3			6	9				2
7			4		2	6		1

#41

				7				
1	7		4	5		2	3	
	2		6					
7			5			3	8	2
	3				7			6
	6	9	3		4			1
4		8		2	3		6	5
		7	9	6				4
6	1	2	8				7	

#42

	2	3			7	9		
	7				3		6	4
9						7	2	
	8	7		5	2	4	1	
6			3		1			8
2		1	7					5
7	1	2						9
8	3	9				6	4	
		6	8	2		1		

#43

	8	7	9		4	2		6
	1			8		5		9
9			1		2	4	8	
7		2		1	9	8	6	
4	3	1	2					5
8	9						2	1
			5			4		
3				2		7		
6	7				3		9	2

#44

	9	3		4		1		
	2			9	6	3		4
	4	7		5			8	9
2	6	4				7	3	
	7	1			4		2	5
9		8	3	7		4		1
		6	4				9	
	1		6		9	5		
	8	9		3	7			6

#45

		4	9	7				2
6	1					7		3
		8	6	4				5
	5				8	4		9
							7	6
3	4	6	7			1	5	
8	2			1			9	
	9			8		6		1
				9		5		4

#46

8	5			7	6	9		
4		6	5	1	9	3		8
	9		2		4			6
9			8	4				
	4	8					7	1
			7		5			
	8				7	2		
7				9	8	5	4	
5				2			9	

#47

			8	3		4	7	
1	7		6		2	8	5	9
8	6							2
			5	7	6			3
	3		2	8		9	6	
5		6		1			4	
		7	4					1
		5	7		8	3		
2		9	1			5		

#48

		2	1	5		7		6
	8	1						
			9		4		1	
	1	8		7		4	6	
7	3			4		1		8
4	6		8		1	3		7
					2		8	1
8	9	6		1	7		3	
	2							5

#49

	7	1	9	6	5	3		
			4		1		5	6
			7			9		
			8		4	6		
6		7	2	1			9	
	2			5	7			
	4					2		3
7	1	8			2		6	
	9					1	8	

#50

		8		5				
		1	7		6	9		
	3			1		2	6	
		2			1	8	5	
	5	3	6	8				2
8			5		2	3		
9	4	7			5	1		
2						5		
		8		2	7	6		4

#51

	2			7	6			5
6		5	8		4			
						6	2	7
	4		5			2		
	5	2		4	1	3		9
9					7			4
	8	9				5	4	
				9	2	7	6	8
			7		5		3	1

#52

		3	5		9	6	8	4
				1				3
5			6		3		1	7
1	2	8	9			4		
6		7		3	2	1		
				6	4			
			3				6	
3	8	6			1	7		9
			7		6			

#53

2				5			8	
					3	1	9	2
8	4			6				
1			7			9		8
	8	4	6					
			8	1	5	3		4
9	2	8			4		3	
	7		1		8	5		
4	1	5	3	9			2	

#54

8	4	9		3		1	2	7
			9		2	3		
	2		7	8			9	6
		2		5	9			
1		3	8			4	5	
	7	6					3	8
		8					4	5
7	6	5		9	8	2		
					5	8		

#55

2			7	4	1			8
					8			
1	8		6	3		9	2	
9		6	4	5	3			
8	5	7	1					4
			9	8		5		
7		1		2			6	5
5			3					9
	2	9	5			1		

#56

	3				4			
		2	7	1		6	3	5
1	6	9	3	5				7
				8	3			
		5					1	
3	9	4	5	7				
9				6			7	
2		3	4	8	5	1	6	9
4	1	6					5	8

#57

			8	6	2			
7	2	8		9	5	1		3
	9	5				4		
		1	7	2	4		5	6
		6		5			1	
2				3				9
			1		9		2	4
	7				6		3	
	1	2	5		3			8

#58

6	9	3	4		5		7	
1	2	8					5	6
		5		1	2	6	9	
	7	1	3		2			
		2				7	4	9
		6				1	3	
4	8	9	2	5	3			
	6	7				3		5
		1		9	7	8		

#59

				6	7	1		2
7	2		4	9				
8			2			4		
			6		9	5		1
1				2		9	6	8
5	6		8		4			
9		7	1	8	6	2		
	1	2				8	7	
		4	9		2			

#60

	5	3		4	8			
4		7	5	2			3	9
2	6	8		1		4	5	7
1	8						9	
		7	2				1	
		3		1			2	5
		6	4			1		3
7	2		9			5		
3	4				1	9		

#61

2	9			4	6			5
		1			9			
5				3			9	2
1	5						8	
7			3			2	4	
9	3			8			5	6
4					8		2	
3				5	4	6		8
8	2		6				9	4

#62

5	8					3		
3	2		4	7	6	8	5	
				3				9
			5			9	8	3
9		4	6		8		1	
8	3	2				4		5
4		3	1				2	8
	6		8			1	9	
	7		2	6	9	5		

#63

	2			7	8	3		6
		7	3	6				
3				5				1
1	4		6		7			2
	5		4					3
7	3			8	2			4
6	1				3	2	8	5
9	8		1		5	4		7
		7	8					9

#64

						8	7	6
5			3	8		9		
		8		2		4		3
8	4		9		2			5
1	3	9			5	2		4
			8			6	1	
7			5					
		3				1	4	
4	2	1	7		3		9	

#65

7		2			8			
5	8		9			3		
				2		1	8	
4				9		2		1
9		5	8	2			4	3
3	2	7				9	8	
		6		4		5	1	
1	5			8	9	4	6	
2	9		1		5	7	3	8

#66

3			9	8				4
8	4		6	3	2	9		
6	5		1	7			3	
		3				8		
		4	8	2	3			7
	8	7	4	6		3		1
				9				
9						7	5	6
4	2					1	9	

#67

7				8		4	6	
9	6	2			5	1		
4			9			2	3	5
8				1				4
2		3	7					
	4							
3	5		2	9	7	6		
	9	7					5	2
6		4	3				9	7

#68

4	5	9	1					
		8	6				7	5
	2			5	8			
5		4		7	9	2		1
				3				
2					1		9	
	4			6				2
9	7	2		8	3			6
	3	5		1			8	9

#69

5		3		4		8	1	9
	4	9		1			7	6
	7	1	6		3	4		2
9	5	4	1			7		
6		8				9		5
			8					1
3	2			6				
	8		3	2		1	9	7
				8				

#70

	4				1			
		6		4	7	8		5
		2	8	5	3		1	6
2		3	6	8				
9	6	7				1		
5	8		1	7	9		2	
		3				2		9
		1				5	4	
6			4	2			7	

#71

2	3			1		9	7	6
	6			9		1	8	
				7		4	5	
		6			9			
8			5		7			
	5			2	8			
		8	9	3	1	2		5
3	2					8	6	
	4		6		2	7		1

#72

8		2		1				
					9	4	2	
3		4	7	2	5	8	9	1
			4	3			7	2
		3	9		2	5		
	2		5			1		
			5	7				
7	4	6		9			8	
1	5			4			6	

#73

7				4		3		
	6				9	8	5	2
8	2	3	6	1				7
			7	3		1	2	
	1		9			5	3	
3		9		5		6		
			5	9	7	2		1
1				6	3			
			1	2				3

#74

3	5		2	6				4
2	1		3				8	
6	4					5		3
	6				9			
4		5				6		
7	8				6		4	1
5		4					1	9
	7							5
		6	4		5	2	7	8

#75

	4	8	9	2		3		7
5					7			
7		9	1	5	4			8
	8		7	3	2	6		
				9			4	1
9				4		7		
	2						7	
	9	7		1	3	5	8	
		4	5		8		2	

#76

			9	5				
7							5	
4				8				3
		4				6		
	8	7		6		5		4
3				2	8	9		
	1	2		3	5		9	8
	4	8			1	3	6	7
		3	8		6	2		

#77

6	8		4	5	7			3
3								
		4	2		3			
9	3			4	5			6
	4		8	2				5
			9			4	7	
			6	7			1	
4	6				9	7		2
	5		3		2	6		9

#78

	1			5		3	9	
	7				3	8	2	4
		9	7			1		
2	3		5				1	
	6	5		1	9			
8	9		6		2	7	5	
	4	7	9		5			2
6	2			3	1	5	7	
	5					4	8	1

#79

8	9	2			3			4
		3	8	2			9	1
	1			7		2		8
	7	1				9		
5							4	
			5	8	7		6	
9						4	5	
4	8				2		1	9
		7	4		9	8		6

#80

	7	1		8				
	6				7	8	4	
		2	3	4			6	1
1			7		3			8
	8			6			1	5
		6	1	9				4
6			5	2				
7	2			3	1			
		5		7		1	8	

Solutions

#1

1	5	9	4	7	2	6	3	8
4	7	8	3	5	6	1	2	9
2	3	6	8	9	1	7	5	4
6	1	3	5	8	9	2	4	7
5	9	2	1	4	7	8	6	3
7	8	4	6	2	3	5	9	1
9	4	1	7	6	5	3	8	2
3	2	5	9	1	8	4	7	6
8	6	7	2	3	4	9	1	5

#2

6	9	7	2	1	8	5	4	3
5	2	3	4	6	9	1	7	8
8	4	1	7	5	3	2	9	6
7	8	5	1	2	6	9	3	4
9	3	6	5	8	4	7	1	2
4	1	2	3	9	7	6	8	5
2	5	9	8	3	1	4	6	7
3	6	4	9	7	2	8	5	1
1	7	8	6	4	5	3	2	9

#3

9	5	8	3	4	7	2	6	1
6	3	2	8	5	1	9	7	4
7	4	1	2	9	6	5	8	3
2	1	4	5	6	3	7	9	8
3	7	6	9	1	8	4	2	5
5	8	9	4	7	2	1	3	6
8	6	5	1	2	9	3	4	7
4	2	7	6	3	5	8	1	9
1	9	3	7	8	4	6	5	2

#4

5	8	6	7	9	3	4	1	2
2	4	9	5	8	1	7	3	6
1	7	3	4	6	2	5	9	8
3	6	4	8	7	9	2	5	1
8	2	1	3	5	4	9	6	7
7	9	5	1	2	6	8	4	3
4	5	8	6	3	7	1	2	9
6	1	2	9	4	8	3	7	5
9	3	7	2	1	5	6	8	4

#5

7	9	8	1	4	2	3	6	5
1	3	5	6	8	7	2	9	4
4	2	6	5	3	9	1	8	7
3	1	2	7	9	8	4	5	6
6	8	9	3	5	4	7	1	2
5	4	7	2	1	6	8	3	9
8	6	1	4	7	5	9	2	3
9	5	4	8	2	3	6	7	1
2	7	3	9	6	1	5	4	8

#6

8	7	6	5	1	4	9	3	2
2	4	9	7	8	3	1	5	6
5	1	3	6	9	2	8	7	4
7	2	5	1	6	8	4	9	3
3	6	8	9	4	5	2	1	7
1	9	4	3	2	7	5	6	8
4	3	7	2	5	1	6	8	9
6	8	1	4	7	9	3	2	5
9	5	2	8	3	6	7	4	1

#7

8	3	7	1	6	9	2	4	5
4	2	6	5	7	8	9	1	3
9	5	1	2	3	4	7	6	8
1	8	3	4	9	6	5	7	2
5	4	2	8	1	7	6	3	9
7	6	9	3	5	2	1	8	4
3	9	5	7	4	1	8	2	6
6	1	8	9	2	3	4	5	7
2	7	4	6	8	5	3	9	1

#8

4	3	2	9	1	8	5	6	7
9	7	5	4	6	3	2	1	8
6	8	1	5	2	7	3	9	4
5	9	8	7	3	2	6	4	1
1	4	7	6	5	9	8	2	3
2	6	3	8	4	1	7	5	9
3	2	9	1	8	5	4	7	6
8	1	6	2	7	4	9	3	5
7	5	4	3	9	6	1	8	2

#9

4	1	2	3	5	8	7	9	6
3	5	6	1	7	9	8	4	2
9	7	8	4	6	2	5	1	3
1	2	4	5	8	7	6	3	9
8	9	7	6	4	3	1	2	5
5	6	3	9	2	1	4	8	7
6	3	1	7	9	4	2	5	8
7	8	9	2	1	5	3	6	4
2	4	5	8	3	6	9	7	1

#10

1	8	5	7	3	2	4	9	6
4	9	2	8	5	6	7	1	3
3	7	6	9	1	4	5	8	2
5	1	7	4	6	3	8	2	9
8	3	9	1	2	7	6	5	4
6	2	4	5	9	8	1	3	7
2	5	3	6	4	1	9	7	8
7	4	1	2	8	9	3	6	5
9	6	8	3	7	5	2	4	1

#11

8	7	9	2	1	4	3	6	5
1	3	4	6	7	5	2	9	8
6	2	5	8	9	3	4	7	1
2	4	1	5	6	7	8	3	9
9	8	7	4	3	1	6	5	2
5	6	3	9	2	8	1	4	7
4	1	2	3	5	9	7	8	6
7	5	8	1	4	6	9	2	3
3	9	6	7	8	2	5	1	4

#12

6	3	2	4	1	5	7	9	8
1	8	4	6	7	9	5	3	2
5	9	7	3	8	2	6	1	4
4	1	5	7	2	3	8	6	9
3	7	6	5	9	8	2	4	1
9	2	8	1	6	4	3	7	5
2	6	1	8	4	7	9	5	3
8	4	3	9	5	6	1	2	7
7	5	9	2	3	1	4	8	6

#13

2	1	6	9	3	8	7	5	4
3	9	7	5	4	1	2	8	6
4	5	8	6	2	7	9	3	1
7	6	1	8	5	2	3	4	9
9	2	3	1	7	4	8	6	5
5	8	4	3	6	9	1	7	2
6	7	2	4	9	3	5	1	8
1	4	9	7	8	5	6	2	3
8	3	5	2	1	6	4	9	7

#14

1	9	6	8	4	3	2	5	7
5	2	7	9	6	1	3	8	4
4	8	3	5	7	2	1	6	9
7	5	9	1	8	6	4	3	2
3	1	2	4	5	9	8	7	6
6	4	8	2	3	7	9	1	5
2	6	4	7	1	8	5	9	3
9	3	1	6	2	5	7	4	8
8	7	5	3	9	4	6	2	1

#15

9	6	4	2	1	3	7	5	8
7	2	8	5	4	6	3	1	9
5	3	1	7	8	9	4	6	2
4	9	5	6	2	7	8	3	1
2	1	6	3	5	8	9	4	7
3	8	7	4	9	1	5	2	6
8	4	3	9	6	2	1	7	5
6	5	9	1	7	4	2	8	3
1	7	2	8	3	5	6	9	4

#16

4	7	1	5	8	6	2	9	3
2	8	3	7	9	4	6	1	5
6	5	9	3	2	1	4	8	7
1	2	6	9	7	3	8	5	4
3	4	5	1	6	8	9	7	2
8	9	7	4	5	2	1	3	6
9	3	8	2	4	7	5	6	1
5	1	2	6	3	9	7	4	8
7	6	4	8	1	5	3	2	9

#17

5	7	4	9	2	8	6	3	1
6	9	1	5	3	7	4	8	2
3	2	8	1	6	4	7	5	9
8	6	2	7	4	3	1	9	5
7	5	3	8	1	9	2	4	6
4	1	9	2	5	6	3	7	8
2	4	6	3	9	5	8	1	7
9	3	7	6	8	1	5	2	4
1	8	5	4	7	2	9	6	3

#18

6	4	5	1	3	7	2	9	8
9	3	8	4	2	5	1	7	6
2	1	7	9	6	8	5	4	3
3	7	1	8	4	2	9	6	5
5	6	2	7	9	3	8	1	4
4	8	9	6	5	1	3	2	7
7	9	3	5	1	4	6	8	2
1	2	4	3	8	6	7	5	9
8	5	6	2	7	9	4	3	1

#19

4	9	1	2	8	5	3	6	7
3	8	7	9	6	4	1	5	2
2	6	5	3	1	7	9	8	4
8	3	4	1	5	9	7	2	6
6	5	2	8	7	3	4	9	1
1	7	9	6	4	2	8	3	5
7	1	8	5	3	6	2	4	9
9	4	6	7	2	8	5	1	3
5	2	3	4	9	1	6	7	8

#20

6	8	1	7	2	9	4	5	3
2	9	4	5	3	1	8	7	6
3	5	7	4	6	8	2	9	1
7	2	3	1	8	5	6	4	9
4	6	8	9	7	3	1	2	5
9	1	5	2	4	6	7	3	8
1	3	2	6	5	4	9	8	7
5	7	9	8	1	2	3	6	4
8	4	6	3	9	7	5	1	2

#21

1	9	5	2	6	4	7	8	3
4	2	3	8	9	7	5	1	6
6	8	7	3	1	5	4	9	2
9	6	4	5	8	1	2	3	7
2	3	1	4	7	6	8	5	9
7	5	8	9	2	3	6	4	1
5	7	9	1	4	2	3	6	8
8	4	2	6	3	9	1	7	5
3	1	6	7	5	8	9	2	4

#22

8	4	6	7	1	2	3	5	9
7	1	3	9	5	8	4	6	2
2	9	5	3	4	6	8	7	1
1	3	9	5	8	7	2	4	6
6	8	7	4	2	3	9	1	5
4	5	2	1	6	9	7	3	8
3	6	4	8	9	1	5	2	7
5	2	8	6	7	4	1	9	3
9	7	1	2	3	5	6	8	4

#23

7	8	3	5	1	6	9	2	4
5	2	1	3	9	4	8	6	7
6	4	9	8	2	7	1	5	3
2	3	5	9	4	8	6	7	1
8	9	7	1	6	3	2	4	5
4	1	6	7	5	2	3	9	8
9	5	4	6	8	1	7	3	2
3	6	8	2	7	5	4	1	9
1	7	2	4	3	9	5	8	6

#24

1	3	2	5	8	4	7	6	9
9	8	4	2	7	6	5	1	3
7	6	5	9	3	1	2	8	4
2	9	1	7	5	3	6	4	8
5	4	8	1	6	9	3	7	2
6	7	3	8	4	2	9	5	1
4	5	9	3	1	7	8	2	6
3	1	7	6	2	8	4	9	5
8	2	6	4	9	5	1	3	7

#25

9	3	6	4	7	8	2	1	5
8	1	7	2	3	5	9	6	4
2	5	4	1	6	9	3	7	8
5	8	3	9	4	6	1	2	7
1	7	9	3	5	2	8	4	6
6	4	2	7	8	1	5	9	3
4	2	8	5	9	7	6	3	1
7	9	5	6	1	3	4	8	2
3	6	1	8	2	4	7	5	9

#26

8	6	5	9	2	1	3	4	7
3	2	7	8	6	4	9	1	5
9	1	4	5	7	3	6	2	8
5	7	3	1	8	2	4	6	9
1	9	2	4	5	6	7	8	3
6	4	8	3	9	7	2	5	1
7	3	6	2	1	8	5	9	4
4	8	9	6	3	5	1	7	2
2	5	1	7	4	9	8	3	6

#27

9	3	7	1	8	2	5	4	6
1	2	6	5	4	9	3	7	8
4	8	5	6	7	3	1	9	2
2	1	9	7	6	4	8	5	3
7	6	8	3	2	5	4	1	9
3	5	4	8	9	1	6	2	7
8	4	1	9	3	7	2	6	5
6	9	2	4	5	8	7	3	1
5	7	3	2	1	6	9	8	4

#28

8	6	7	4	9	3	2	1	5
5	4	3	7	1	2	8	6	9
2	9	1	8	6	5	3	4	7
9	1	5	2	8	7	4	3	6
6	3	2	9	5	4	1	7	8
4	7	8	6	3	1	9	5	2
1	8	6	5	4	9	7	2	3
7	5	4	3	2	8	6	9	1
3	2	9	1	7	6	5	8	4

#29

9	6	3	5	8	4	1	7	2
4	1	7	6	3	2	5	8	9
8	2	5	7	9	1	4	3	6
7	3	9	1	6	8	2	5	4
2	8	6	4	7	5	3	9	1
1	5	4	9	2	3	8	6	7
3	9	2	8	1	6	7	4	5
5	7	8	2	4	9	6	1	3
6	4	1	3	5	7	9	2	8

#30

3	2	6	5	4	9	7	1	8
8	7	5	1	6	3	2	9	4
1	4	9	2	8	7	3	5	6
6	8	3	7	5	2	9	4	1
2	5	1	4	9	8	6	3	7
7	9	4	3	1	6	8	2	5
5	6	7	9	3	1	4	8	2
4	3	8	6	2	5	1	7	9
9	1	2	8	7	4	5	6	3

#31

9	3	6	1	2	4	8	5	7
7	1	2	5	8	9	6	4	3
8	4	5	6	3	7	1	9	2
4	6	7	2	9	5	3	1	8
3	5	9	8	1	6	7	2	4
1	2	8	4	7	3	5	6	9
5	8	3	9	4	1	2	7	6
6	7	4	3	5	2	9	8	1
2	9	1	7	6	8	4	3	5

#32

5	1	8	9	7	2	6	4	3
2	3	7	4	6	1	9	8	5
4	9	6	5	3	8	7	1	2
1	4	2	6	8	7	5	3	9
3	7	5	2	1	9	8	6	4
6	8	9	3	5	4	1	2	7
7	5	4	1	2	6	3	9	8
8	2	1	7	9	3	4	5	6
9	6	3	8	4	5	2	7	1

#33

9	8	1	6	3	4	5	2	7
5	4	6	7	1	2	9	8	3
7	3	2	5	9	8	4	6	1
1	5	8	4	7	3	2	9	6
4	6	7	2	8	9	1	3	5
3	2	9	1	6	5	8	7	4
6	9	3	8	5	1	7	4	2
2	7	5	9	4	6	3	1	8
8	1	4	3	2	7	6	5	9

#34

8	5	2	6	7	1	9	4	3
3	9	7	4	5	2	6	1	8
1	6	4	8	9	3	2	5	7
9	7	3	5	8	4	1	2	6
2	1	8	9	3	6	5	7	4
5	4	6	2	1	7	8	3	9
7	2	1	3	6	8	4	9	5
6	3	9	1	4	5	7	8	2
4	8	5	7	2	9	3	6	1

#35

9	7	5	8	4	2	1	6	3
8	3	4	6	7	1	2	9	5
1	2	6	5	3	9	8	4	7
6	4	2	1	8	7	5	3	9
5	1	7	4	9	3	6	8	2
3	9	8	2	6	5	7	1	4
7	6	1	9	2	4	3	5	8
2	5	9	3	1	8	4	7	6
4	8	3	7	5	6	9	2	1

#36

3	9	2	4	6	7	1	5	8
5	6	8	9	3	1	2	7	4
7	1	4	2	8	5	9	6	3
8	2	6	7	5	3	4	9	1
1	3	7	8	4	9	6	2	5
9	4	5	6	1	2	8	3	7
6	7	1	3	9	8	5	4	2
4	5	3	1	2	6	7	8	9
2	8	9	5	7	4	3	1	6

#37

9	1	8	6	3	4	7	5	2
7	6	2	8	5	9	4	1	3
5	4	3	2	1	7	9	6	8
3	7	5	9	6	1	8	2	4
6	8	9	4	2	5	1	3	7
4	2	1	3	7	8	6	9	5
1	9	7	5	8	3	2	4	6
2	5	4	7	9	6	3	8	1
8	3	6	1	4	2	5	7	9

#38

5	2	8	4	1	7	3	6	9
9	1	3	2	8	6	7	4	5
4	6	7	9	5	3	8	1	2
8	9	2	1	6	4	5	7	3
3	5	6	7	2	9	1	8	4
7	4	1	5	3	8	9	2	6
2	7	4	8	9	5	6	3	1
6	8	9	3	4	1	2	5	7
1	3	5	6	7	2	4	9	8

#39

1	6	5	3	9	4	7	2	8
7	9	2	6	8	1	5	4	3
4	8	3	5	7	2	6	1	9
2	5	1	9	4	6	3	8	7
8	7	9	1	3	5	2	6	4
6	3	4	7	2	8	9	5	1
5	1	7	8	6	3	4	9	2
3	4	6	2	1	9	8	7	5
9	2	8	4	5	7	1	3	6

#40

1	8	2	9	5	6	3	7	4
6	7	9	8	4	3	2	1	5
5	4	3	7	2	1	8	6	9
9	6	5	3	8	4	1	2	7
8	3	7	2	1	9	5	4	6
4	2	1	5	6	7	9	3	8
2	9	6	1	7	5	4	8	3
3	1	4	6	9	8	7	5	2
7	5	8	4	3	2	6	9	1

#41

5	8	3	1	7	2	6	4	9
1	7	6	4	5	9	2	3	8
9	2	4	6	3	8	5	1	7
7	4	1	5	9	6	3	8	2
8	3	5	2	1	7	4	9	6
2	6	9	3	8	4	7	5	1
4	9	8	7	2	3	1	6	5
3	5	7	9	6	1	8	2	4
6	1	2	8	4	5	9	7	3

#42

5	2	3	4	6	7	9	8	1
1	7	8	2	9	3	5	6	4
9	6	4	5	1	8	7	2	3
3	8	7	9	5	2	4	1	6
6	9	5	3	4	1	2	7	8
2	4	1	7	8	6	3	9	5
7	1	2	6	3	4	8	5	9
8	3	9	1	7	5	6	4	2
4	5	6	8	2	9	1	3	7

#43

5	8	7	9	3	4	2	1	6
2	1	4	7	8	6	5	3	9
9	6	3	1	5	2	4	8	7
7	5	2	3	1	9	8	6	4
4	3	1	2	6	8	9	7	5
8	9	6	4	7	5	3	2	1
1	2	8	5	9	7	6	4	3
3	4	9	6	2	1	7	5	8
6	7	5	8	4	3	1	9	2

#44

6	9	3	7	4	8	1	5	2
8	2	5	1	9	6	3	7	4
1	4	7	2	5	3	6	8	9
2	6	4	9	1	5	7	3	8
3	7	1	8	6	4	9	2	5
9	5	8	3	7	2	4	6	1
5	3	6	4	2	1	8	9	7
7	1	2	6	8	9	5	4	3
4	8	9	5	3	7	2	1	6

#45

5	3	4	9	7	1	8	6	2
6	1	9	8	5	2	7	4	3
2	7	8	6	4	3	9	1	5
7	5	2	1	6	8	4	3	9
9	8	1	5	3	4	2	7	6
3	4	6	7	2	9	1	5	8
8	2	5	4	1	6	3	9	7
4	9	7	3	8	5	6	2	1
1	6	3	2	9	7	5	8	4

#46

8	5	1	3	7	6	9	2	4
4	2	6	5	1	9	3	7	8
3	9	7	2	8	4	1	5	6
9	7	5	8	4	1	6	3	2
6	4	8	9	3	2	7	1	5
2	1	3	7	6	5	4	8	9
1	8	9	4	5	7	2	6	3
7	3	2	6	9	8	5	4	1
5	6	4	1	2	3	8	9	7

#47

9	5	2	8	3	1	4	7	6
1	7	3	6	4	2	8	5	9
8	6	4	9	5	7	1	3	2
4	9	8	5	7	6	2	1	3
7	3	1	2	8	4	9	6	5
5	2	6	3	1	9	7	4	8
3	8	7	4	9	5	6	2	1
6	1	5	7	2	8	3	9	4
2	4	9	1	6	3	5	8	7

#48

3	4	2	1	5	8	7	9	6
9	8	1	7	6	3	5	4	2
6	5	7	9	2	4	8	1	3
2	1	8	3	7	5	4	6	9
7	3	9	2	4	6	1	5	8
4	6	5	8	9	1	3	2	7
5	7	4	6	3	2	9	8	1
8	9	6	5	1	7	2	3	4
1	2	3	4	8	9	6	7	5

#49

2	7	1	9	6	5	3	4	8
8	3	9	4	2	1	7	5	6
4	6	5	7	3	8	9	1	2
1	5	3	8	9	4	6	2	7
6	8	7	2	1	3	4	9	5
9	2	4	6	5	7	8	3	1
5	4	6	1	8	9	2	7	3
7	1	8	3	4	2	5	6	9
3	9	2	5	7	6	1	8	4

#50

6	9	8	2	5	4	7	3	1
5	2	1	7	3	6	9	4	8
7	3	4	9	1	8	2	6	5
4	6	2	3	7	1	8	5	9
1	5	3	6	8	9	4	7	2
8	7	9	5	4	2	3	1	6
9	4	7	8	6	5	1	2	3
2	1	6	4	9	3	5	8	7
3	8	5	1	2	7	6	9	4

#51

3	2	1	9	7	6	4	8	5
6	7	5	8	2	4	1	9	3
4	9	8	3	1	5	6	2	7
7	4	3	5	8	9	2	1	6
8	5	2	6	4	1	3	7	9
9	1	6	2	3	7	8	5	4
1	8	9	7	6	3	5	4	2
5	3	4	1	9	2	7	6	8
2	6	7	4	5	8	9	3	1

#52

7	1	3	5	2	9	6	8	4
8	6	2	4	1	7	9	5	3
5	9	4	6	8	3	2	1	7
1	2	8	9	7	5	4	3	6
6	4	7	8	3	2	1	9	5
9	3	5	1	6	4	8	7	2
2	7	9	3	4	8	5	6	1
3	8	6	2	5	1	7	4	9
4	5	1	7	9	6	3	2	8

#53

2	3	1	9	5	7	4	8	6
5	6	7	4	8	3	1	9	2
8	4	9	2	6	1	7	5	3
1	5	3	7	4	2	9	6	8
7	8	4	6	3	9	2	1	5
6	9	2	8	1	5	3	7	4
9	2	8	5	7	4	6	3	1
3	7	6	1	2	8	5	4	9
4	1	5	3	9	6	8	2	7

#54

8	4	9	5	3	6	1	2	7
6	5	7	9	1	2	3	8	4
3	2	1	7	8	4	5	9	6
4	8	2	3	5	9	6	7	1
1	9	3	8	6	7	4	5	2
5	7	6	2	4	1	9	3	8
9	1	8	6	2	3	7	4	5
7	6	5	4	9	8	2	1	3
2	3	4	1	7	5	8	6	9

#55

2	9	5	7	4	1	6	3	8
6	7	3	2	9	8	5	4	1
1	8	4	6	3	5	9	2	7
9	1	6	4	5	3	7	8	2
8	5	7	1	6	2	3	9	4
3	4	2	9	8	7	1	5	6
7	3	1	8	2	9	4	6	5
5	6	8	3	1	4	2	7	9
4	2	9	5	7	6	8	1	3

#56

5	3	7	6	2	4	9	8	1
8	4	2	7	1	9	6	3	5
1	6	9	3	5	8	2	4	7
7	2	1	8	3	6	5	9	4
6	8	5	9	4	2	7	1	3
3	9	4	5	7	1	8	2	6
9	5	8	1	6	3	4	7	2
2	7	3	4	8	5	1	6	9
4	1	6	2	9	7	3	5	8

#57

1	3	4	8	6	2	9	7	5
7	2	8	4	9	5	1	6	3
6	9	5	3	1	7	4	8	2
9	8	1	7	2	4	3	5	6
3	4	6	9	5	8	2	1	7
2	5	7	6	3	1	8	4	9
5	6	3	1	8	9	7	2	4
8	7	9	2	4	6	5	3	1
4	1	2	5	7	3	6	9	8

#58

6	9	3	4	8	5	2	7	1
1	2	8	7	3	9	4	5	6
7	5	4	1	2	6	9	8	3
9	7	1	3	4	2	5	6	8
8	3	2	5	6	1	7	4	9
5	4	6	9	7	8	1	3	2
4	8	9	2	5	3	6	1	7
2	6	7	8	1	4	3	9	5
3	1	5	6	9	7	8	2	4

#59

4	9	5	3	6	7	1	8	2
7	2	1	4	9	8	3	5	6
8	3	6	2	5	1	4	9	7
2	7	8	6	3	9	5	4	1
1	4	3	7	2	5	9	6	8
5	6	9	8	1	4	7	2	3
9	5	7	1	8	6	2	3	4
6	1	2	5	4	3	8	7	9
3	8	4	9	7	2	6	1	5

#60

9	5	3	7	4	8	6	2	1
4	1	7	5	2	6	8	3	9
2	6	8	3	1	9	4	5	7
1	8	4	2	3	5	7	9	6
5	7	2	6	9	4	3	1	8
6	3	9	1	8	7	2	4	5
8	9	6	4	5	2	1	7	3
7	2	1	9	6	3	5	8	4
3	4	5	8	7	1	9	6	2

#61

2	9	3	7	4	6	8	1	5
6	8	1	5	2	9	4	3	7
5	4	7	8	3	1	9	6	2
1	5	2	4	6	7	3	8	9
7	6	8	3	9	5	2	4	1
9	3	4	1	8	2	7	5	6
4	7	6	9	1	8	5	2	3
3	1	9	2	5	4	6	7	8
8	2	5	6	7	3	1	9	4

#62

5	8	7	9	1	2	3	4	6
3	2	9	4	7	6	8	5	1
6	4	1	3	8	5	2	7	9
7	1	6	5	2	4	9	8	3
9	5	4	6	3	8	7	1	2
8	3	2	7	9	1	4	6	5
4	9	3	1	5	7	6	2	8
2	6	5	8	4	3	1	9	7
1	7	8	2	6	9	5	3	4

#63

5	2	1	9	7	8	3	4	6
4	9	7	3	6	1	5	2	8
3	6	8	2	5	4	7	9	1
1	4	9	6	3	7	8	5	2
8	5	2	4	1	9	6	7	3
7	3	6	5	8	2	9	1	4
6	1	4	7	9	3	2	8	5
9	8	3	1	2	5	4	6	7
2	7	5	8	4	6	1	3	9

#64

3	1	2	4	5	9	8	7	6
5	6	4	3	8	7	9	2	1
9	8	7	1	2	6	4	5	3
8	4	6	9	1	2	7	3	5
1	3	9	6	7	5	2	8	4
2	7	5	8	3	4	6	1	9
7	9	8	5	4	1	3	6	2
6	5	3	2	9	8	1	4	7
4	2	1	7	6	3	5	9	8

#65

7	3	2	4	5	8	1	9	6
5	8	1	9	7	6	3	2	4
6	4	9	2	3	1	8	5	7
4	6	8	5	9	3	2	7	1
9	1	5	8	2	7	6	4	3
3	2	7	6	1	4	9	8	5
8	7	6	3	4	2	5	1	9
1	5	3	7	8	9	4	6	2
2	9	4	1	6	5	7	3	8

#66

3	7	2	9	8	5	6	1	4
8	4	1	6	3	2	9	7	5
6	5	9	1	7	4	2	3	8
2	6	3	5	1	7	8	4	9
1	9	4	8	2	3	5	6	7
5	8	7	4	6	9	3	2	1
7	1	5	3	9	6	4	8	2
9	3	8	2	4	1	7	5	6
4	2	6	7	5	8	1	9	3

#67

7	3	5	1	8	2	4	6	9
9	6	2	4	3	5	1	7	8
4	8	1	9	7	6	2	3	5
8	7	6	5	1	3	9	2	4
2	1	3	7	4	9	5	8	6
5	4	9	6	2	8	7	1	3
3	5	8	2	9	7	6	4	1
1	9	7	8	6	4	3	5	2
6	2	4	3	5	1	8	9	7

#68

4	5	9	1	2	7	8	6	3
3	1	8	6	9	4	7	2	5
7	2	6	3	5	8	9	1	4
5	6	4	8	7	9	2	3	1
1	9	7	2	3	6	5	4	8
2	8	3	5	4	1	6	9	7
8	4	1	9	6	5	3	7	2
9	7	2	4	8	3	1	5	6
6	3	5	7	1	2	4	8	9

#69

5	6	3	2	4	7	8	1	9
2	4	9	5	1	8	3	7	6
8	7	1	6	9	3	4	5	2
9	5	4	1	3	6	7	2	8
6	1	8	4	7	2	9	3	5
7	3	2	8	5	9	6	4	1
3	2	7	9	6	1	5	8	4
4	8	6	3	2	5	1	9	7
1	9	5	7	8	4	2	6	3

#70

8	4	5	9	6	1	7	3	2
1	3	6	2	4	7	8	9	5
7	9	2	8	5	3	4	1	6
2	1	3	6	8	4	9	5	7
9	6	7	5	3	2	1	8	4
5	8	4	1	7	9	6	2	3
4	7	8	3	1	5	2	6	9
3	2	1	7	9	6	5	4	8
6	5	9	4	2	8	3	7	1

#71

2	3	4	8	1	5	9	7	6
5	6	7	4	9	3	1	8	2
1	8	9	2	7	6	4	5	3
7	1	6	3	4	9	5	2	8
8	9	2	5	6	7	3	1	4
4	5	3	1	2	8	6	9	7
6	7	8	9	3	1	2	4	5
3	2	1	7	5	4	8	6	9
9	4	5	6	8	2	7	3	1

#72

8	9	2	3	1	4	7	5	6
5	7	1	8	6	9	4	2	3
3	6	4	7	2	5	8	9	1
9	8	5	4	3	1	6	7	2
6	1	3	9	7	2	5	4	8
4	2	7	5	8	6	1	3	9
2	3	8	6	5	7	9	1	4
7	4	6	1	9	3	2	8	5
1	5	9	2	4	8	3	6	7

#73

7	9	5	8	4	2	3	1	6
4	6	1	3	7	9	8	5	2
8	2	3	6	1	5	4	9	7
5	8	6	7	3	4	1	2	9
2	1	7	9	8	6	5	3	4
3	4	9	2	5	1	6	7	8
6	3	8	5	9	7	2	4	1
1	7	2	4	6	3	9	8	5
9	5	4	1	2	8	7	6	3

#74

3	5	8	2	6	7	1	9	4
2	1	9	3	5	4	7	8	6
6	4	7	8	9	1	5	2	3
1	6	3	7	4	9	8	5	2
4	9	5	1	8	2	6	3	7
7	8	2	5	3	6	9	4	1
5	2	4	6	7	8	3	1	9
8	7	1	9	2	3	4	6	5
9	3	6	4	1	5	2	7	8

#75

1	4	8	9	2	6	3	5	7
5	6	2	3	8	7	4	1	9
7	3	9	1	5	4	2	6	8
4	8	1	7	3	2	6	9	5
2	7	3	6	9	5	8	4	1
9	5	6	8	4	1	7	3	2
8	2	5	4	6	9	1	7	3
6	9	7	2	1	3	5	8	4
3	1	4	5	7	8	9	2	6

#76

8	3	1	9	5	2	7	4	6
7	2	6	3	1	4	8	5	9
4	5	9	6	8	7	1	2	3
1	9	4	5	7	3	6	8	2
2	8	7	1	6	9	5	3	4
3	6	5	4	2	8	9	7	1
6	1	2	7	3	5	4	9	8
5	4	8	2	9	1	3	6	7
9	7	3	8	4	6	2	1	5

#77

6	8	9	4	5	7	1	2	3
3	7	2	1	6	8	9	5	4
5	1	4	2	9	3	8	6	7
9	3	1	7	4	5	2	8	6
7	4	6	8	2	1	3	9	5
8	2	5	9	3	6	4	7	1
2	9	3	6	7	4	5	1	8
4	6	8	5	1	9	7	3	2
1	5	7	3	8	2	6	4	9

#78

4	1	2	8	5	6	3	9	7
5	7	6	1	9	3	8	2	4
3	8	9	7	2	4	1	6	5
2	3	4	5	7	8	9	1	6
7	6	5	3	1	9	2	4	8
8	9	1	6	4	2	7	5	3
1	4	7	9	8	5	6	3	2
6	2	8	4	3	1	5	7	9
9	5	3	2	6	7	4	8	1

#79

8	9	2	6	1	3	5	7	4
7	5	3	8	2	4	6	9	1
6	1	4	9	7	5	2	3	8
3	7	1	2	4	6	9	8	5
5	6	8	3	9	1	7	4	2
2	4	9	5	8	7	1	6	3
9	2	6	1	3	8	4	5	7
4	8	5	7	6	2	3	1	9
1	3	7	4	5	9	8	2	6

#80

4	7	1	9	8	6	2	5	3
5	6	3	2	1	7	8	4	9
8	9	2	3	4	5	7	6	1
1	4	9	7	5	3	6	2	8
3	8	7	4	6	2	9	1	5
2	5	6	1	9	8	3	7	4
6	1	8	5	2	9	4	3	7
7	2	4	8	3	1	5	9	6
9	3	5	6	7	4	1	8	2

www.ingramcontent.com/pod-product-compliance
Lightning Source LLC
Chambersburg PA
CBHW080815220526
45466CB00011BB/3569